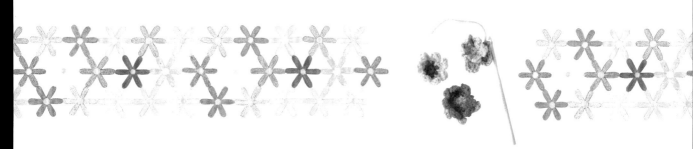

女孩打鉤鉤！

糖果色花漾織片の
可愛小物大集合

了戒かずこ

本書匯集了許多可愛花朵織片的作品。

無論外出或是在廚房洗手作羹湯的時刻，

當這些繽紛多彩的小物映入眼簾，

肯定會讓人感到無比雀躍。

為了饋贈自己、家人或重要之人的心意，

讓一針一線的編織時光都變得充滿樂趣了！

Contents

Mini Bag

花樣拼接的小巧提袋

how to make → 48page

以可愛繽紛的花樣織片拼接而成，
小巧的迷你包攜帶時
也能成為整體穿搭的焦點。
回到家，隨手擺在椅子或架子上，
亦可當成擺飾使用。

Tote Bag

外出托特包

how to make → 50page

以短針鉤織成質地實在的托特包。
鮮明的紅色袋身，
與裝飾的大朵白花＆小花蕾絲邊相映成趣，
巧妙配色之間也不忘帶有奢華感。

Colorful Stole

多彩花朵披肩

how to make → 52page

編織許多色彩繽紛的毛海花朵，
串連成輕盈纖細的披肩。
只要搭配一件
樣式簡單的毛衣或外套，
即使是色調沉穩樸實的衣著，
也能成為光彩奪目的裝扮。
當成禮物也很適合！

Mittens

花朵綴飾的連指手套

how to make → 54page

手背側以三中長針的玉針鉤織，
手心側則以長針鉤織。
由簡單的織法組合而成，
不僅帶有隨性自在的流行感，
戴起來也很舒服。
點綴上五顏六色的花朵，
營造出女性的柔美氛圍。

Hat

玫瑰小禮帽

how to make → 56page

宛若芍藥花般的薰衣草紫帽子上，
以煙燻色的玫瑰花朵點綴圍繞，
構成氣質高雅的淑女外出帽。
可搭配褲裝展現帥氣風格，
或穿上連身洋裝扮演經典女星，
也別有一番樂趣。

Tippet

小女孩の粉彩領片

how to make → 58page

無論是生日派對、鋼琴發表會，
還是和媽媽一同出席音樂會的日子……
想為這些特別的日子，
特地鉤織出粉彩花朵領片。
在粉彩花朵中加上鮮紅櫻桃，
勾勒出甜美可愛的風格。

$\mathscr{S}tole$

三角披肩

how to make → 62page

絕對引人矚目的大型三角披肩。
身上圍著顏色繽紛的花朵，心情也跟著愉悅了起來。
當然很適合簡單樸實的服裝，但搭配和服的效果也很好。
還能當成居家小毛毯使用呢！

Mini Pouch

迷你束口袋

how to make → 64page

以粉色系毛線編織的小花織片束口袋，
束繩末端也綴以立體小花，
完成可愛到底的設計。
可收納小東西再放入包包，
或放入重要物品作為收納家飾也很美好。

ChouChou

荷葉滾邊髮束

how to make → 68page

層層相疊的荷葉邊髮束呈現柔美的女人味，
更巧妙使用同色系的滾邊與小花配件。
只要簡單綁成馬尾或包包頭再加上髮束，
不需其他裝飾品也能展現華麗風格。
當成禮物贈送也很適合！

$\mathcal{P}urse$

花朵刺繡口金包

how to make → 70page

花朵刺繡的復古風可愛口金包。
當然是女孩們隨身零錢包的最佳選擇，
拿來收納零散鈕釦或作為針線包也不錯，
還可成為迷你化妝包使用呢！

Corsage

鬱金香胸花

how to make → 67page

微微綻放的鬱金香花朵，
就這樣簡單完成了！
立體設計的可愛胸花，
無論是配戴於洋裝胸口或包包上，
都是備受矚目的美麗焦點。

Wreath

玄關花圈

how to make → 72page

雖然花圈給人的印象幾乎等同於聖誕節，
但若是像這樣，
以色彩繽紛的毛線編織而成的花環，
就可以不分季節，四季通用了。
只要在客人造訪之日，裝飾於門上，
一定可以傳達您熱情款待的心意。

Curtain Hook

窗簾勾飾

how to make → 74page

讓令人心情愉悅的彩色花朵在房間裡綻放吧！
若是在花朵圖案的窗簾上，
點綴細心鉤織片片花瓣而成的花朵勾飾⋯⋯
一下子就打造出美好的居住氛圍囉！

Cushion

圓形抱枕

how to make → 76page

在網眼編與方眼編交織的正中央，
盛開的鉤織花朵躍然出現，
是個存在感十足的設計。
將這可愛又綺麗的粉紅與藍色抱枕
擺在沙發或椅子上，
就是寒冷時節裡最美的一幅景象。

Cushion

花田般的圓形椅墊
how to make → 84page

宛如花束又像花田般，
令人陶醉的可愛圓形椅墊，
是由許多粉紅色鉤織小花拼接而成。
只添上一朵小白花的絕妙點子，
讓成品更富變化與趣味。

Cushion

西洋風方形椅墊

how to make → 80page

相當適合作為椅墊的
西洋風小巧方形坐墊,
當然也可直接放在地板上使用。
兩種款式分別是以鉤織花朵點綴角落,
或是在正中央繡出玫瑰花。
四邊宛如攀附於牆壁或柵欄的
玫瑰花藤蔓,
也與主要裝飾相互輝映。

Lampshade

燈罩

how to make → 86page

在雪白的針織蕾絲燈罩下緣，
盛開著五彩繽紛的花朵，
是個充滿浪漫風格的作品。
隨意放在窗檯或客廳的架子上，
點上一盞溫暖的燈光，
就能度過悠閒慵懶的時光。

Doily

亮麗桌巾

how to make → 88page

讓人忍不住想裝飾在餐桌
或櫃子上的桌巾。
雖然以白色線材為主，
但邊緣換上了薄荷綠再加上花朵。
請務必試著鉤織這款
洋溢柔和織品氛圍的桌巾。

Kitchen Mittens

隔熱手套

how to make → 90page

宛如從繪本中出現的亮紅色隔熱手套，
必定會讓料理時間更富趣味！
全部以短針完成密實的手套本體，
收納用的掛繩上也裝飾了一朵花蕾呢！

Cup Holder

茶會杯套

how to make → 92page

宛如幫茶杯穿上洋裝般。
依家族人數鉤織
各自專屬的杯套不僅有趣，
在家庭派對中也能作為識別之用。
享用熱茶的聚會時光，
變得更加有趣了！

Scourer

康乃馨清潔刷

how to make → 93page

將壓克力毛線織成的彩色康乃馨，
作為洗滌餐具的清潔刷。
使用完畢後，
不但可以掛著晾乾，
清潔刷美麗的模樣
還能成為妝點廚房的家飾！

how to make

作法

花樣拼接的小巧提袋 (P.06)

· 材　　料

線材／Hamanaka Piccolo（中細）淺粉紅（4）30g、
　　　紅色（6）、黃色（8）、綠色（9）、淺紫色（14）、
　　　深粉紅（22）、藍色（12）各10～15g，
　　　粉紅色（5）、藏青色（13）、深藍色（23）、
　　　橘色（25）、紫色（31）、灰色（33）各3～5g
★作品約100g
鉤針／4/0號、3/0號鉤針

· 織　　法

★取單線，以4/0號鉤針編織花樣織片，緣編與提把則是以
　3/0號鉤針編織。

1　鉤織27片立體花朵織片。依配色表更換各花朵織
　　片色線，但鉤完最終段之後皆需預留約30cm的毛
　　線，作為接合之用。

2　依圖示排列織片，以預留線在相鄰織片的鎖針外側
　　——挑針，進行捲針縫合，完成提袋袋身。

3　在提袋的開口鉤織緣編，再將織成圓筒狀的提把縫
　　合固定。

（花樣織片）

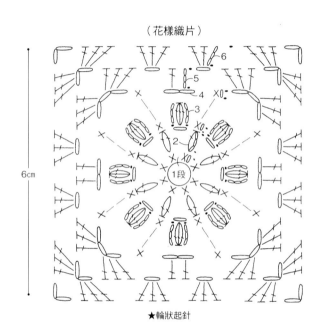

6cm

★輪狀起針

〔 織片配色表 〕

	1段	2段	3段	4、5段	6段
A	黃色	紫色	淺紫色	綠色	淺粉紅
B	黃色	紅色	淺粉紅	綠色	黃色
C	黃色	深粉紅	淺粉紅	綠色	藍色
D	黃色	粉紅色	紅色	綠色	灰色
E	黃色	深藍色	藍色	綠色	深粉紅
F	黃色	淺粉紅	深粉紅	綠色	淺紫色
G	紅色	橘色	黃色	綠色	淺粉紅
H	黃色	粉紅色	紅色	綠色	淺紫色
I	黃色	藏青色	深藍色	綠色	淺粉紅

★C 5片、B 4片、A、D、E、G、H各3片、F 2片、I 1片。

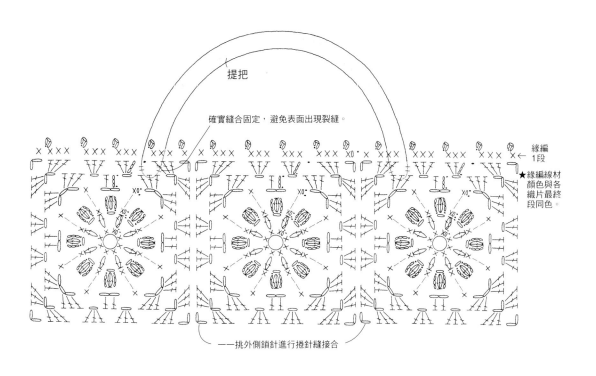

提把

確實縫合固定，避免表面出現裂縫。

←緣編
1段

★緣編線材
顏色與各
織片最終
段同色。

——挑外側鎖針進行捲針縫接合

（織片配置）

A	B	C
C	D	G
B	F	E

H	I	D	C	G	H	A	H	E

G	F	B
E	D	C
C	B	A

提把
（短針）
淺粉紅

16
（50段）

10
針

平針縫合頂端的
第50段，縮口束
緊線圈。

★起針與收針皆需
預留 約20cm的
線，作為縫線。

縮口束緊起針的
線圈

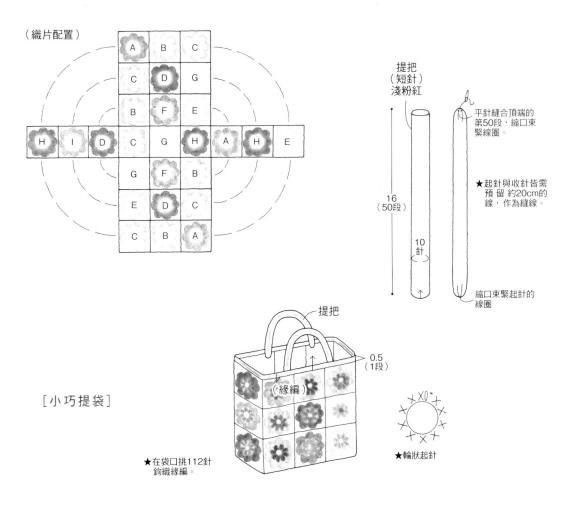

提把

緣編

0.5
（1段）

[小巧提袋]

★在袋口挑112針
鉤織緣編。

★輪狀起針

外出托特包 (P.08) ★花樣B織法請參照P.53。

・材　料

線材／Rich More Precent（並太）紅色（73）160g、
　　　原色（1）25g、Mild Lana（中細）
　　　原色（2）10g
鉤針／7/0號、5/0號、3/0號鉤針
密度
短針 20針23段＝10cm正方形

・織　法

★托特包袋身、提把皆取紅色雙線，以7/0號鉤針編織；花朵織片取
　Precent原色單線，以5/0號鉤針編織；袋口蕾絲取Mild Lana原色單
　線，以3/0號鉤針編織。

1 以短針開始鉤織袋底，往復編鉤織出長方形後，先剪線。接
　著在側邊中央接線，沿著長方形周圍開始挑針，以環編方式
　鉤織袋身。

2 鉤織提把，兩端各留5針不縫，中央以捲針縫縫合之後，固定
　於袋身開口內側。

3 鉤織袋口蕾絲，沿袋口內側縫合一圈。以縫線將蕾絲織片縫
　於袋身，蕾絲邊緣宛如探出袋口。

4 鉤織花朵織片A、B各一片，重疊縫合後，固定於袋身與提把
　上。

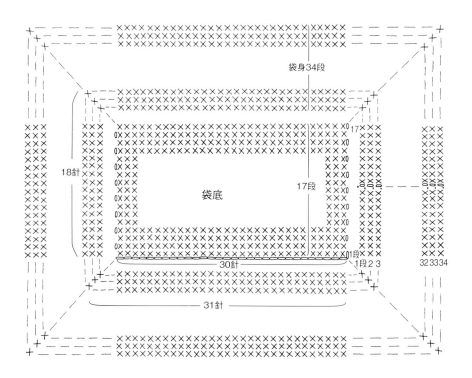

袋身34段
17
18針
17段
袋底
30針
1段 2 3
31針
32 33 34

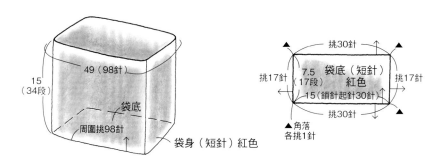

49（98針）
15
（34段）
袋底
周圍挑98針
袋身（短針）紅色

挑30針
7.5
（17段）
袋底（短針）
紅色
挑17針
挑17針
15（鎖針起針30針）
挑30針
▲角落
各挑1針

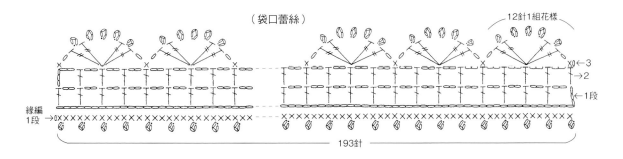

（袋口蕾絲）

12針1組花樣

X0 ←3
→2
→1段

緣編
1段

193針

（提把）紅色雙線

2
（4段）

0XXXXXXXXXXXXXXXX →4
XXXXXXXXXX
XXXXXXXXXX0 ←1段

約30（鎖針60針）

↓

作成筒狀，進行捲針縫。

5針   5針

↓

7.5

2.5

包包
（內側）

縫合固定

[托特包]

袋口蕾絲

包包
（內側）

避免表面出現裂縫
縫合固定

提把

縫合固定
鉤織花朵

袋口蕾絲（花樣編）原色

3
（3段）

約50（鎖針起針193針）

0.5（1段）   挑193針

（緣編）原色

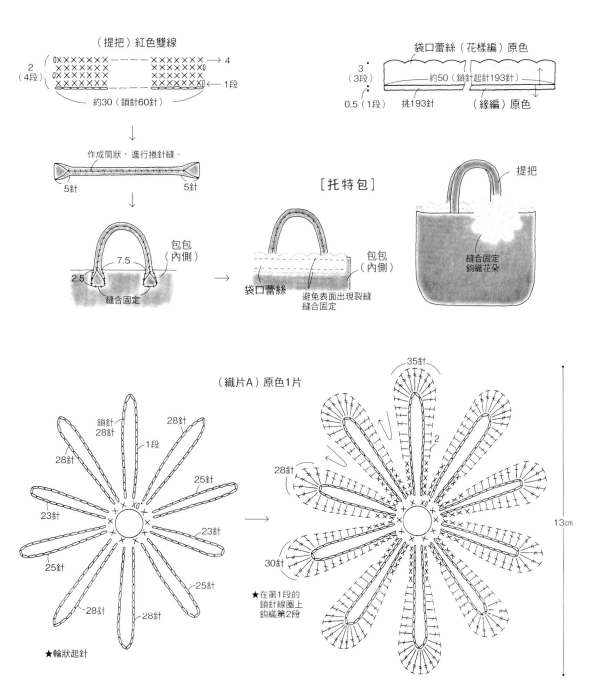

（織片A）原色1片

35針

鎖針
28針

28針

1段

28針

28針

25針

23針

23針

25針

25針

28針   28針

★輪狀起針

28針

30針

★在第1段的
鎖針線圈上
鉤織第2段

13cm

多彩花朵披肩 (P.10)

·材 料

線材／Puppy Kid Mohair Fine （中細）杏色（3）、
暗粉紅（5）、奶油色（6）、焦茶色（9）、
灰色（15）、茄紫（19）、淺綠（29）、
紅色（36）、綠色（39）、玫瑰色（44）、
薰衣草（47）、土耳其藍（48）、淺灰色（49）、
深藍色（53）各少量；Hamanaka Mohair（中細）
芥末黃（31）少量
★作品約20g
鉤針／8/0號鉤針
密度
花樣織片1片約為直徑7cm圓形

·織 法

★取Mohair單線，以8/0號鉤針編織。

1 依配色表與織圖鉤織第一片花樣織片，自第2片開始，
一邊鉤織花瓣中心的四捲長針，一邊與相鄰織片接合。

2 如圖示鉤織43片排成3列的花朵織片，作成長披肩。

（花朵織片）

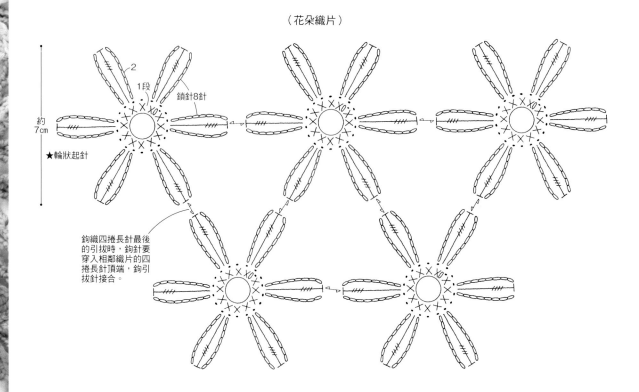

2
1段
鎖針8針
約
7cm
★輪狀起針

鉤織四捲長針最後
的引拔時，鉤針要
穿入相鄰織片的四
捲長針頂端，鉤引
拔針接合。

［長披肩］

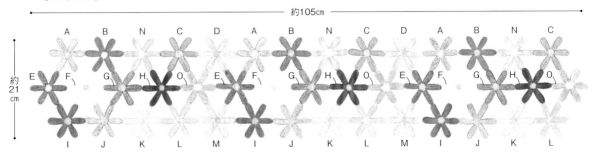

約105cm

約21cm

A B N C D A B N C D A B N C
E F G H O E F G H O E F G H O
I J K L M I J K L M I J K L

［花朵織片配色表］

	1段	2段
A	芥末黃	綠色
B	芥末黃	薰衣草
C	芥末黃	深藍色
D	芥末黃	淺灰色
E	芥末黃	茄紫
F	芥末黃	奶油色
G	芥末黃	焦茶色
H	芥末黃	紅色
I	芥末黃	玫瑰色
J	芥末黃	灰色
K	芥末黃	淺綠色
L	芥末黃	土耳其藍
M	芥末黃	杏色
N	奶油色	芥末黃
O	奶油色	暗粉紅色

★D、M各2片，其他各3片。

P.08
［外出托特包 花朵織片B］
★線材&包包織法等，請參照P.50。

（花朵織片B）原色1片

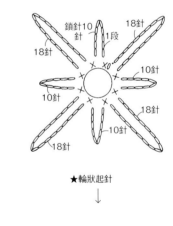

鎖針10針
1段
18針
18針
10針
10針
18針
18針
10針

★輪狀起針
↓

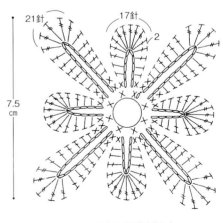

21針
17針
2
7.5cm

★在第1段的鎖針線圈上
　鉤織第2段。

花朵織片A

將第2片
固定於中心

花朵織片B

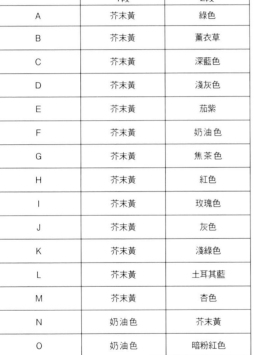

玫瑰小禮帽 (P.14)

・材　料

線材／帽子：Hamanaka Fair Lady 50（並太）薰衣草（87）
95g、Hamanaka Mohair（中細）薰衣草（71）50g；
花朵與葉子織片：Rich More Suvin Gold（合太）
深薄荷綠（11）、暗粉紅（13）、淺粉紅（18）、
薰衣草（22）、黃色（23）、Rich More Suvin Gold
〈TAPE〉（合太）玫瑰色（112）、紅色（113）、
紫色（122）、鮭魚粉（123）、綠色（109）、
土耳其藍（111）各5〜8g
鉤針／7/0號、4/0號鉤針
密度
短針 19針20段=10cm正方形

・織　法

★帽子取Fair Lady與Mohair薰衣草色各一條的雙線，以7/0號鉤針編
　織；花朵與葉子織片皆取單線，以4/0號鉤針編織。

1　帽子以輪狀起針鉤織短針，依織圖加針，織成14段的圓形帽
　　頂。

2　不加減針繼續鉤織22段的帽冠；接著加針鉤織帽簷。帽簷的
　　第11段改鉤逆針短針收邊。

3　將帽冠的第1段與第6段疊合對齊，以同色毛線穿入縫針，一
　　針對一針的挑縫，在帽頂周圍作出俐落的邊緣線。

4　鉤織10朵玫瑰花與葉，沿帽簷裝飾一圈。

（玫瑰花作法）

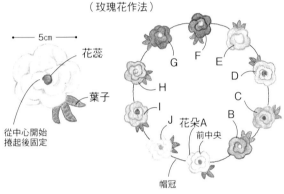

← 5cm →
花蕊
葉子
從中心開始
捲起後固定
G F E D C B H I J 花朵A 前中央
帽冠

［玫瑰花A〜J配色表］

	花瓣	花蕊
A	淺粉紅	玫瑰色
B	玫瑰色	暗粉紅
C	暗粉紅	紅色
D	土耳其藍	薰衣草
E	鮭魚粉	黃色
F	紫色	深薄荷綠
G	紅色	鮭魚粉
H	薰衣草	暗粉紅
I	深薄荷綠	紫色
J	黃色	鮭魚粉

（葉子）綠色10片

←1段
3（鎖針9針）
★接續鉤織3片

（花蕊）A〜J各1個
起針處
收針處

（花朵織片）A〜J各1片

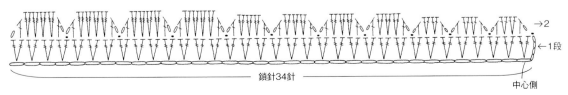

→2
←1段
鎖針34針
中心側

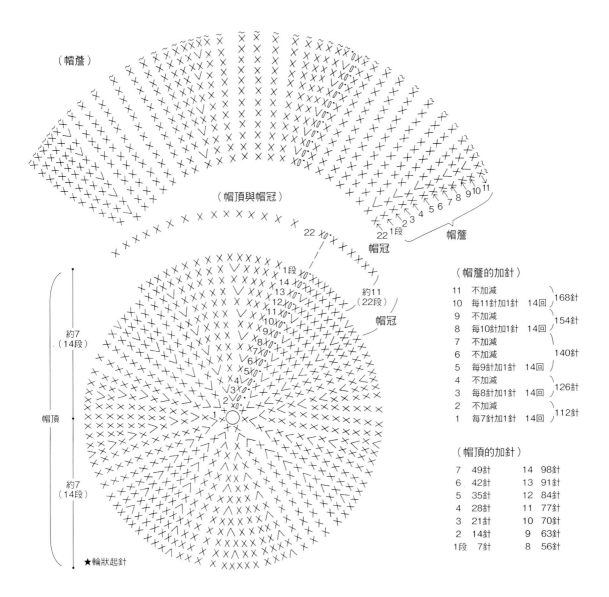

（帽簷）

（帽頂與帽冠）

22 ✕○・

1段 ✕○・
14 ✕○・
13 ✕○・
12 ✕○・
11 ✕○・
10 ✕○・
9 ✕○・
8 ✕○・
7 ✕○・
6 ✕○・
5 ✕○・
4 ✕○・
3 ✕○・
2 ✕○・

約7
（14段）

帽頂

約7
（14段）

★輪狀起針

22 1段
帽冠

1 2 3 4 5 6 7 8 9 10 11
帽簷

約11
（22段）
帽冠

（帽簷的加針）

11	不加減		
10	每11針加1針	14回	168針
9	不加減		154針
8	每10針加1針	14回	
7	不加減		
6	不加減		140針
5	每9針加1針	14回	
4	不加減		126針
3	每8針加1針	14回	
2	不加減		112針
1	每7針加1針	14回	

（帽頂的加針）

7	49針	14	98針
6	42針	13	91針
5	35針	12	84針
4	28針	11	77針
3	21針	10	70針
2	14針	9	63針
1段	7針	8	56針

帽頂（短針）

約7
（14段）

約7
（14段）

98針

168針↑（逆短針）

帽簷（短針）

約5.5
（11段）

98針

約11
（22段）

帽冠（短針）

98針

帽頂

帽冠第1段

背面相對
對齊縫合

帽冠

帽冠
第6段

在帽子的短針上
挑縫固定

小女孩の粉彩領片(P.16)　★小花・花莖・櫻桃織法請參照P.60。

・材　料

線材／Rich More Mild Lana（中細）鮭魚粉（4）
　　10g、原色（2）、粉紅色（5）、芥末黃（10）、
　　紅色（25）、玫瑰色（36）、薄荷綠（42）、
　　綠色（71）各少量
★作品約30g
鉤針／3/0號鉤針

・織　法

★皆取單線，以3/0號鉤針編織。

1　先鉤織基本領片，再於領口側鉤織緣編。

2　分別鉤織裝飾用的花朵、葉子、花莖與櫻桃。小花織法相同
　　但以不同顏色鉤織。

3　如圖示將各個配件均衡地配置在領片上，再以捲針縫固定花
　　莖、葉子和櫻桃。接合之後，在背面挑針，以捲針縫縫合所
　　有織片的相鄰部分，以避免整體配件散亂，同時也可讓鄰接
　　處的織片顯得平整美觀。

4　以引拔針鉤織綁帶，穿入領片針目後，將大果實縫於綁帶兩
　　端即可。

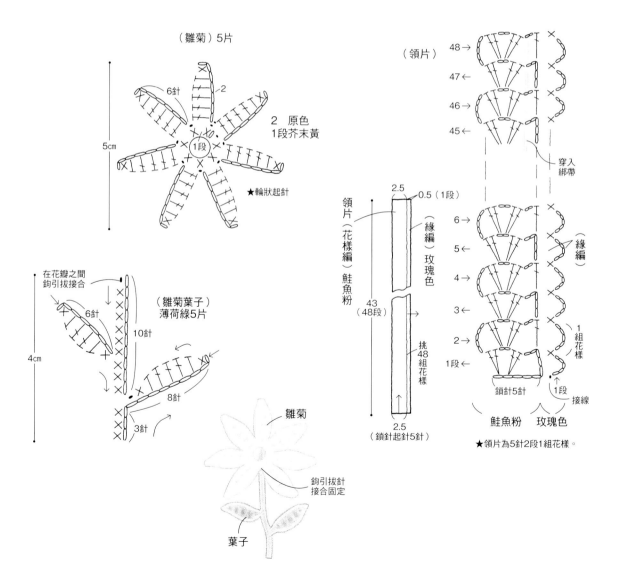

（雛菊）5片

6針　2

5cm

1段

2　原色
1段芥末黃

★輪狀起針

在花瓣之間
鉤引拔接合

6針

（雛菊葉子）
薄荷綠5片

10針

4cm

8針

3針

雛菊

鉤引拔針
接合固定

葉子

（領片）

48→
47←
46→
45←

穿入
綁帶

2.5　0.5（1段）

領片
（花樣編）
鮭魚粉

（緣編）
玫瑰色

43
（48段）

挑
48
組花
樣

2.5
（鎖針起針5針）

6→
5←
4→
3←
2→
1段

（緣編）

1
組花
樣

鎖針5針

1段　接線

鮭魚粉　玫瑰色

★領片為5針2段1組花樣。

（大果實）芥末黃2顆

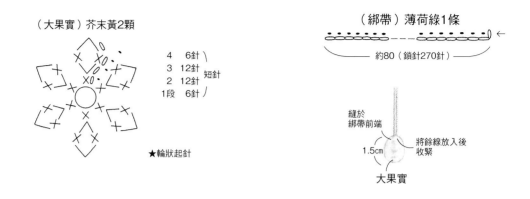

4　6針 ⎫
3　12針 ⎫ 短針
2　12針 ⎫
1段　6針 ⎫

★輪狀起針

（綁帶）薄荷綠1條

約80（鎖針270針）

縫於
綁帶前端

1.5cm

將餘線放入後
收緊

大果實

［粉彩領片］

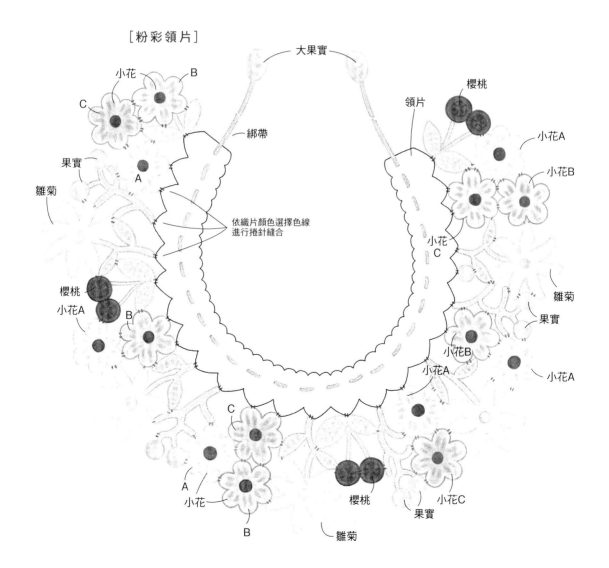

大果實

小花

B

C

櫻桃

領片

小花A

果實

小花B

A

雛菊

綁帶

依織片顏色選擇色線
進行捲針縫合

小花
C

櫻桃

雛菊

小花A

果實

B

小花B

C

小花A

A

小花

B

小花A

雛菊

櫻桃

果實

小花C

［小女孩の粉彩領片～小花・花莖・櫻桃的織法］　★領片的材料、織法請參照P.58。

（小花A～C）

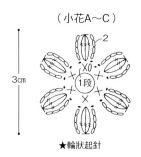

3cm

★輪狀起針

［小花配色表］

	1段	2段
A	紅色	鮭魚粉
B	紅色	粉紅色
C	紅色	玫瑰色

★A 6片、B 5片、C 4片。

小花

葉子

疊縫在鎖針上

（小花葉子）薄荷綠1片

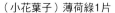

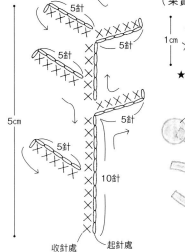

2

8針
7針
7針
在葉子之間鉤引拔
收針處
起針處

（櫻桃）

（大葉子）綠色3片

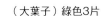

←1段
鎖針7針
2.5cm

（小葉子）綠色3片

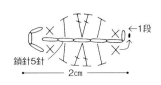

←1段
鎖針5針
2cm

（花莖）薄荷綠4片

5針
5針
5針
5針
5針
10針
5cm
收針處
起針處

（果實）芥末黃9片

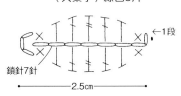

1cm

←1段
★輪狀起針

果實

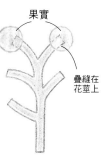

果實

疊縫在花莖上

（櫻桃）紅色6片

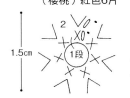

1.5cm

2
XO
1段

2　14針
1段　7針
★輪狀起針

葉子（背面）

以收針的線頭縫合2片葉子

大葉子

小葉子

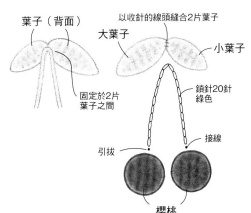

固定於2片葉子之間

鎖針20針綠色

引拔

接線

櫻桃

[三角披肩的緣編]

★材料與織片的織法請參照P.62。

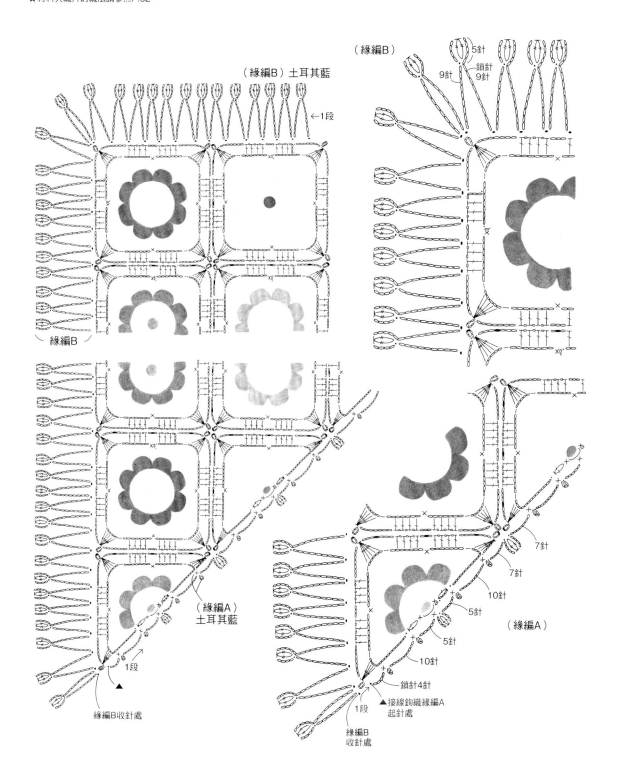

（緣編B）

（緣編B）土耳其藍

←1段

5針

9針　鎖針
9針

緣編B

（緣編A）
土耳其藍

1段

緣編B收針處

7針

7針

10針

5針

5針

10針

鎖針4針

（緣編A）

▲接線鉤織緣編A
起針處

1段

緣編B
收針處

三角披肩 (P.18)　★緣編織法請參照P.62。

・材　料

線材／Rich More Spectre Modem〈FINE〉（並太）
　　　土耳其藍（312）170g、綠色（310）60g、
　　　黃色（309）、粉紅色（319）各30g，
　　　Rich More Spectre Modem（並太）紅色（32）、
　　　橘色（17）各30g、藍色（21）20g
鉤針／6/0號鉤針
密度
四角形織片1片＝12cm正方形

・織　法

★兩種毛線各取一線，以6/0號鉤針編織。

1 依織圖以及配色表鉤織四角形與三角形織片，拼接成三角形
　的披肩。先完成第1片，自第2片開始，第6段的鎖針依指示
　改鉤引拔針，接合相鄰的花樣織片。

2 在三角披肩作為領口側的對角線上鉤織緣編A，接著在另外兩
　邊鉤織緣編B。

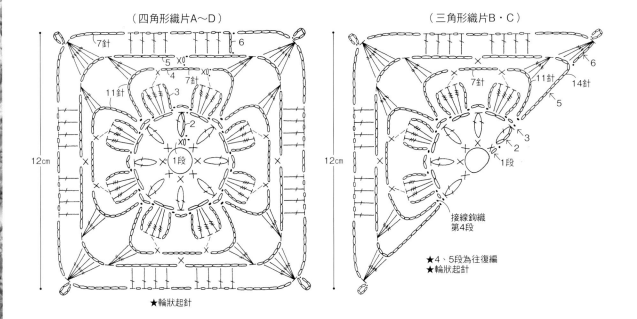

（四角形織片A～D）　　　　　　　　　　（三角形織片B・C）

12cm

7針　6　5 X0 4 7針 11針 3 2 X0 1段

★輪狀起針

12cm

7針　6　11針　14針　5　3　2　X0　1段

接線鉤織
第4段

★4、5段為往復編
★輪狀起針

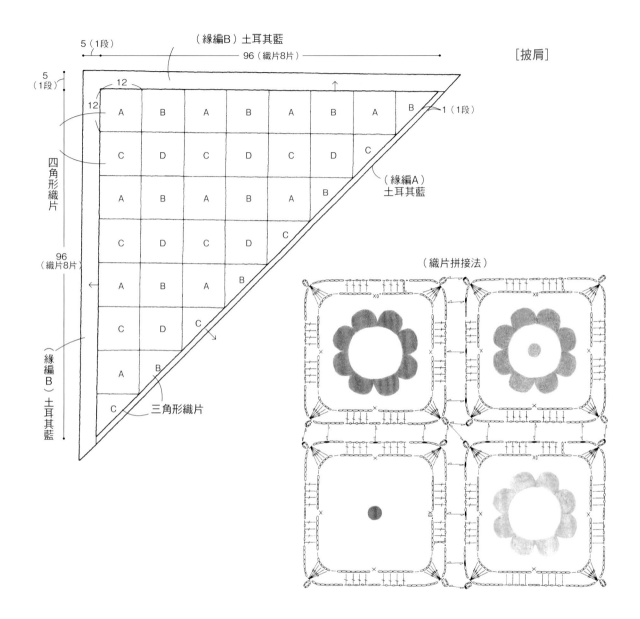

[披肩]

（緣編B）土耳其藍

（緣編A）土耳其藍

（織片拼接法）

三角形織片

四角形織片

（緣編B）土耳其藍

[織片配色表]

	1段	2段	3段	4、5段	6段
A	黃色	粉紅	紅色	綠色	土耳其藍
B	紅色	藍色	黃色	綠色	土耳其藍
C	藍色	黃色	橘色	綠色	土耳其藍
D	黃色	紅色	粉紅	綠色	土耳其藍

★四角形與三角形織片皆使用相同配色。
★四角形織片A10片、B～D各6片；三角形織片B、C各4片。

迷你束口袋 (P.20)　★袋底‧緣編‧抽繩織法請參照P.66。

‧材　料

線材／花朵織片的1、2段使用DMC Retors繡線（中細‧1束約4m）
　　藍色系5色：H（2798）、S（2807）、A（2826）、M（2827）、
　　　　X（2828）各1～2束
　　黃色系6色：C（2147）、BB（2579）、B（2644）、Q（2673）、
　　　　I（2738）、U（2746）各1～2束、紅色D（2326）1束
　　粉紅色系4色：O（2107）、E（2111）、J（2718）、N（2776）
　　　　各1～2束
　　綠色系12色：K（2133）、FF（2134）、GG（2136）、
　　　　Y（2369）、Z（2472）、EE（2504）、G（2911）、F（2952）、
　　　　L（2563）、V（2599）、P（2956）、W（2957）各1～2束
　　薰衣草色系3色：DD（2121）、AA（2328）、R（2395）各1束
　　橘色系2色：CC（2353）、T（2357）各1束
　　★抽繩的繩尾裝飾使用粉紅色系O（2107）、J（2718）；
　　　綠色系G（2911）各少許。Retors繡線1束約可鉤織4片花朵織片的1、2段。
　　花朵織片的第3段、短針的袋底、抽繩皆使用Hamanaka Cotton Nottoc
　　（中細）原色（1）50g

鉤針／3/0、6/0號鉤針
密度
花樣織片1片＝直徑3.5cm圓形

‧織　法

★花朵織片與抽繩皆取單線，以3/0號鉤針編織；
　袋底取雙線，以6/0號鉤針編織。

1　花朵織片1、2段以Retors鉤織，第3段以
　　Nottoc鉤織。

2　完成第1片的花樣織片，自第2片開始，鉤
　　織第3段六角形鎖針線圈時，改鉤引拔針
　　拼接相鄰織片。

3　依配置圖示一邊鉤織花樣織片一邊拼接，
　　將總計84片的織片拼接成7段的圓筒袋
　　身。接著將織片翻面，以背面作為表面，
　　並整理織片的花瓣形狀。

4　另外鉤織袋底。完成後同樣將袋底翻面，
　　以背面為表面。袋底與圓筒狀袋身對齊，
　　以緣編拼接縫合。

5　鉤織2條抽繩。穿入花朵織片的針目，並
　　於抽繩尾端縫合裝飾用的花葉。

（花樣織片拼接方法）

3.5cm

★起針段鉤5針鎖針
頭尾連接成環

（花樣織片配置圖）

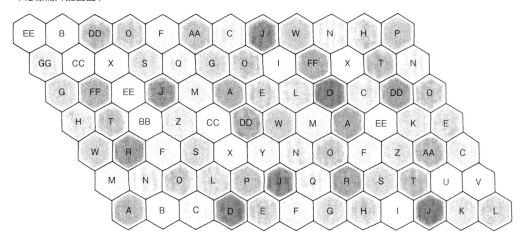

（抽繩穿法）

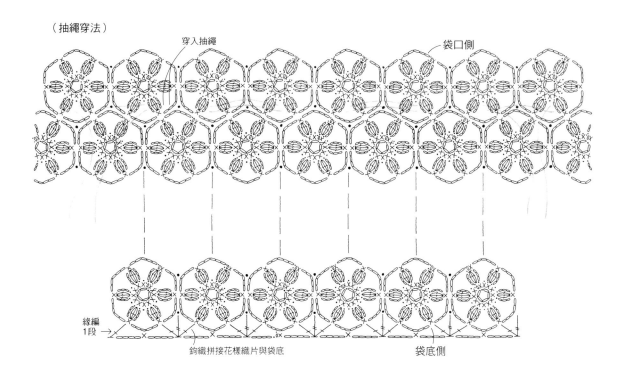

穿入抽繩　　　　　　　　　　　　袋口側

緣編
1段 →

鉤織拼接花樣織片與袋底　　　　　袋底側

P.20
［迷你束口袋的袋底織法］
★材料、花樣織片的織法請參照P.64。

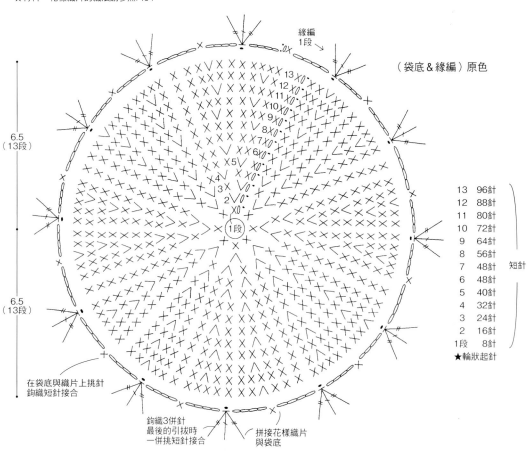

（袋底＆緣編）原色

緣編
1段→

13	96針	
12	88針	
11	80針	
10	72針	
9	64針	
8	56針	
7	48針	短針
6	48針	
5	40針	
4	32針	
3	24針	
2	16針	
1段	8針	

★輪狀起針

6.5
（13段）

6.5
（13段）

在袋底與織片上挑針
鉤織短針接合

鉤織3併針時
最後的引拔時
一併挑短針接合

拼接花樣織片
與袋底

抽繩墜飾

（花苞）粉紅色系O、J各1個

（葉子）綠色系G 2片

2
收針處   繼續鉤織   起針處

2
1段

2

（抽繩）原色 2條 取單線‧3/0號鉤針

約50（鎖針145針）

花苞   葉子
縫合於
繩末
抽繩

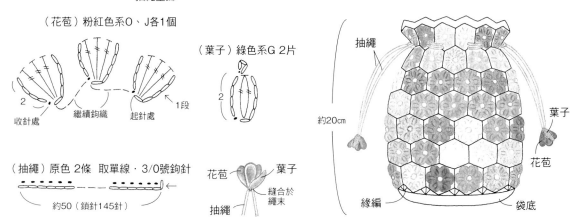

抽繩

約20cm

葉子

花苞

緣編   袋底

鬱金香胸花 (P.26)

· 材　料

線材／Anchor Tapisserie（極太）深粉紅（8454）、
　　　粉紅色（8452）、淺粉紅（8432）、
　　　玫瑰粉（8456）、原色（8006）、
　　　苔蘚綠（9102）、淺綠色（9156）各少量
★作品重量含鐵絲約13g
其他／花藝鐵絲1根
鉤針／4/0號鉤針

· 織　法

★取單線，以4/0號鉤針編織。

1 依配色表鉤織花瓣、花蕊與葉子。

2 花藝鐵絲穿過3片花蕊後對摺，取2條淺綠色線鉤織短針包
　覆鐵絲，作成花莖。

3 將3片花瓣的表針朝外作為正面，縫成圓錐狀；將連著花
　蕊的花莖插入花瓣中心，再把花瓣下緣固定於花莖上。

4 視整體平衡在花莖上固定2片葉子。

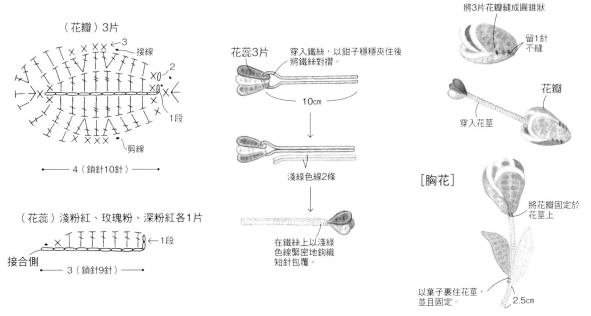

（花瓣）3片

3
接線
2
0
1段
剪線
4（鎖針10針）

（花蕊）淺粉紅、玫瑰粉、深粉紅各1片
1段
接合側　3（鎖針9針）

（葉子）苔蘚綠、淺綠色各1片
1段
8（鎖針19針）

花蕊3片　穿入鐵絲，以鉗子穩穩夾住後
　　　　　將鐵絲對摺。
10cm
淺綠色線2條
在鐵絲上以淺綠
色線緊密地鉤織
短針包覆。

將3片花瓣縫成圓錐狀
留1針
不縫
穿入花莖
花瓣
[胸花]
將花瓣固定於
花莖上
以葉子裹住花莖，
並且固定。
2.5cm

[花瓣配色表]

	1、2段	3段
A	淺粉紅色	原色
B	粉紅色	原色
C	深粉紅色	原色

荷葉滾邊髮束兩款 (P.22)

・材　料

線材／薄荷綠髮束

　　　髮束的1～3段使用Rich More Mild Lana（中細）

　　　薄荷綠（42）20g，第4段使用Rich More Precent

　　　（並太）土耳其藍（108）10g，花朵織片使用Anchor

　　　Tapisserie繡線（極太）深粉紅（8454）、

　　　紅色（8202）、藍色（8808）、薰衣草（8588）、

　　　黃色（8094）各少許

　　　粉紅色髮束

　　　髮束的1～3段使用Rich More Mild Lana（中細）

　　　粉紅色（5）20g，第4段使用Hamanaka Piccolo

　　　（中細）深粉紅（22）10g，花朵織片使用Anchor

　　　Tapisserie繡線（極太）淺藍色（8804）、

　　　黃色（8094）、綠色（9116）、紅色（8202）、

　　　Rich More Precent（並太）土耳其藍（108）各少許

配件／直徑6cm鬆緊髮圈兩條

鉤針／3/0號鉤針

・織　法

★兩種顏色的髮束鉤織方法相同，皆取單線，以3/0號鉤針編織。

1　第1段是在鬆緊髮圈上鉤織90針的短針。

2　第2段是挑第1段短針外側，以筋編方式鉤織2針三捲長針來加針。

3　第3段是在前段的三捲長針上，挑針鉤織3針三捲長針。由於針數增加，所以織完會出現荷葉邊一樣的波浪。接著換線鉤織緣編般的第4段。

4　鉤織花朵織片與花瓣等，縫於髮束上即可。

（花朵織片）各1片

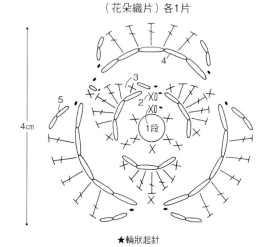

4cm

★輪狀起針

［花朵織片配色表］

	薄荷綠髮束	粉紅色髮束
4、5段	深粉紅	淺粉紅
2、3段	紅色	土耳其藍
1段	黃色	黃色

★第4段的短針，是挑第3段長針的針腳（背面半針）鉤織。

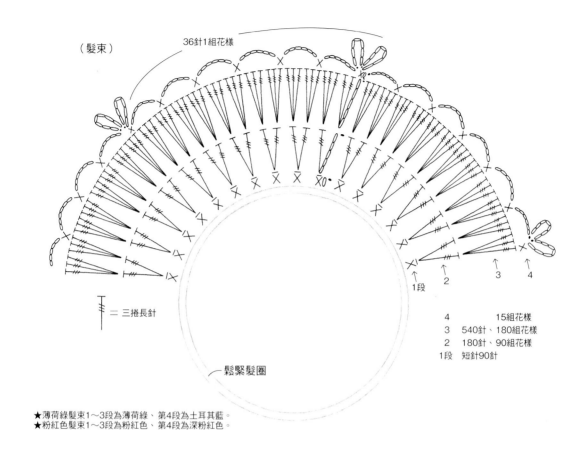

（髮束）

36針1組花樣

= 三捲長針

鬆緊髮圈

4　　　　　　　15組花樣
3　540針、180組花樣
2　180針、90組花樣
1段　短針90針

1段　2　3　4

★薄荷綠髮束1～3段為薄荷綠、第4段為土耳其藍。
★粉紅色髮束1～3段為粉紅色、第4段為深粉紅色。

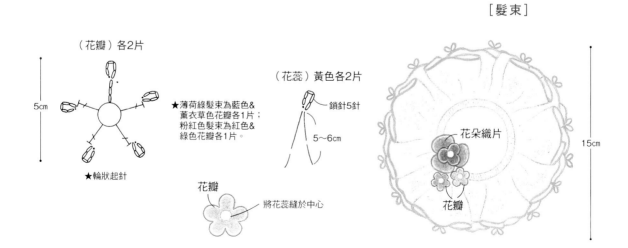

（花瓣）各2片

5cm

★薄荷綠髮束為藍色&
薰衣草色花瓣各1片；
粉紅色髮束為紅色&
綠色花瓣各1片。

★輪狀起針

（花蕊）黃色各2片

鎖針5針

5～6cm

花瓣

將花蕊縫於中心

[髮束]

花朵織片

花瓣

15cm

花朵刺繡口金包兩款 (P.24)

· 材 料

線材／綠色口金包：Rich More Spectre Modem（並太）
　　　黃綠色（13）30g
　　　粉紅色口金包：Rich More Spectre
　　　Modem〈FINE〉（並太）粉紅色（319）30g
　　　刺繡線：Anchor Tapisserie繡線（極太）原色
　　　（8006）、玫瑰色（8256）、深粉紅（8454）、
　　　綠色（9116）、深綠色（9118）、紅色（8200）
　　　各少許
配件／轉繡網布（34格10cm）9cm×8cm
　　　與主體同色，寬10cm高約4cm的糖果口金各1個
鉤針／5/0號鉤針
密度
短針 24針28段＝約10cm正方形

· 織 法

★綠色與粉紅色口金包主體皆取單線，以5/0號鉤針編織。
　除顏色不同，織法、作法、刺繡花樣皆相同。

1　鎖針起針從袋底開始鉤織，依織圖以環編鉤織短針並加
　　針。繼續一邊鉤織袋身與開口側一邊減針，袋身同樣為環
　　編，開口側則分兩片以往復編鉤織。

2　轉繡網布以疏縫方式，固定於短針織片的口金包正面，再
　　以十字繡法繡上玫瑰花圖案。刺繡完成後，一一抽掉轉繡
　　網布的線條，即可完全拆除。

3　在口金溝槽內塗上手藝用接著劑，並將開口側織片的弧形
　　上緣塞入口金溝槽內黏合。為避免口金與織片間產生縫
　　隙，請將紙繩塞入溝槽內，再以鉗子壓緊口金兩側。

［十字繡］

（一針一針刺繡法）

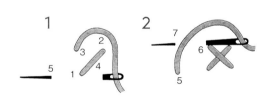

（連續刺繡法）

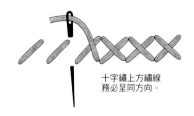

十字繡上方繡線
務必呈同方向。

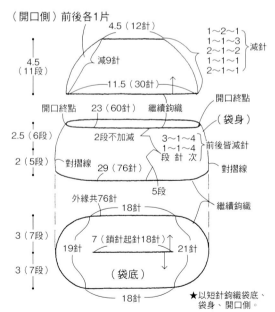

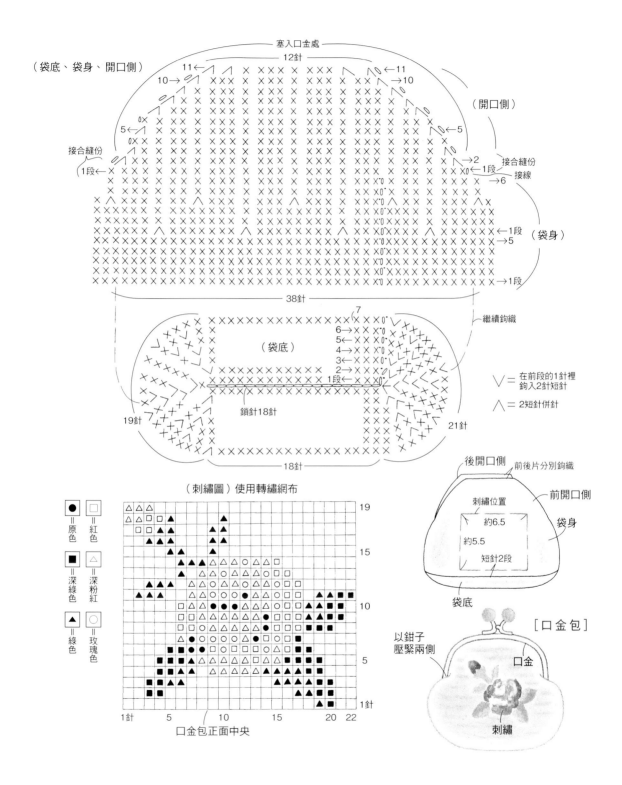

（袋底、袋身、開口側）

塞入口金處

12針

11←

10→

5←

0

0

0

接合縫份

1段←

（開口側）

→2

接線

→10

→11

5←

接合縫份

→6

1段

（袋身）

←1段

→5

→1段

38針

繼續鉤織

7

6→

5←

4←

3←

2→

鎖針18針

（袋底）

1段←

19針

18針

21針

∨ = 在前段的1針裡鉤入2針短針

∧ = 2短針併針

（刺繡圖）使用轉繡網布

● = 原色　□ = 紅色

■ = 深綠色　△ = 深粉紅

▲ = 綠色　○ = 玫瑰色

19

15

10

5

1針

1針　5　10　15　20 22

口金包正面中央

後開口側　前後片分別鉤織

前開口側

刺繡位置

約6.5

約5.5

短針2段

袋身

袋底

[口金包]

以鉗子壓緊兩側

口金

刺繡

玄關花圈 (P.28)

·材 料

線材／花朵織片：Anchor Tapisserie繡線（極太）
　　　　淺薰衣草（8586）2束、薰衣草（8588）2束、
　　　　深薰衣草（8590）10束、淡粉紅（8392）2束、
　　　　淺粉紅（8432）2束、粉紅色（8452）2束、
　　　　深粉紅（8454）2束、紅色（8202）2束、
　　　　花萼與葉子：Rich More Precent（並太）
　　　　綠色（104）25g
　　　　花圈：Hamanaka Bonny（極太）卡其色（493）30g
配件／直徑約11.5cm（內徑約7.5cm）的藤圈
鉤針／4/0、5/0、6/0號鉤針

·織 法

★3種線材皆取單線，花朵織片以5/0號鉤針、花萼與葉子以4/0號
　鉤針、花圈以6/0號鉤針編織。
1 依配色圖鉤織長條狀的花朵1、2段，鉤織6種共9片。
2 以綠色線材鉤織9片葉子與花萼。長條狀花朵織片依圖示
　捲成花朵。
3 在藤圈上以卡其色線鉤織短針包覆，短針鎖頭如圖示調
　整至藤圈寬度的中央。
4 分別將花萼縫在花朵織片上。視整體平衡，將花朵與葉
　子縫於藤圈上的短針鎖頭。

（花朵織片A〜F）

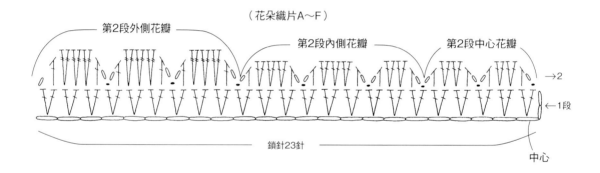

［花朵織片配色表］

	起針&1段&2段外側花瓣	2段內側花瓣	2段中心花瓣
A	淺薰衣草	薰衣草	深薰衣草
B	粉紅色	淺粉紅色	淡粉紅色
C	紅色	深粉紅色	粉紅色
D	深薰衣草	薰衣草	淺薰衣草
E	淡粉紅色	淺粉紅色	粉紅色
F	粉紅色	深粉紅色	紅色

★B〜D各2片，A、E、F各1片。

（花萼）綠色9片

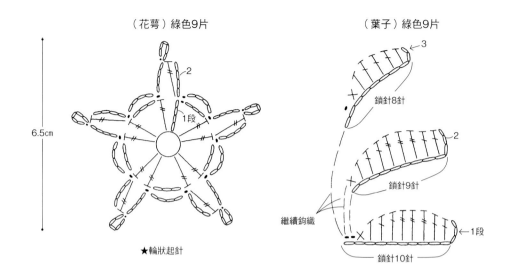

（葉子）綠色9片

2

6.5cm

1段

★輪狀起針

3
鎖針8針
2
鎖針9針
繼續鉤織
1段
鎖針10針

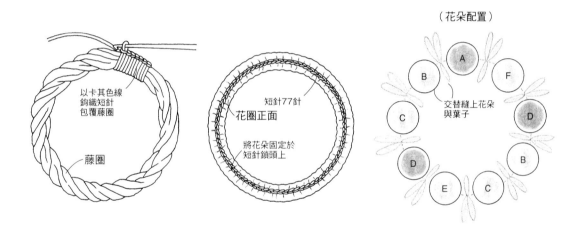

以卡其色線
鉤織短針
包覆藤圈

藤圈

短針77針

花圈正面

將花朵固定於
短針鎖頭上

（花朵配置）

A

B

F

C

交替縫上花朵
與葉子

D

D

B

E

C

[玄關花圈]

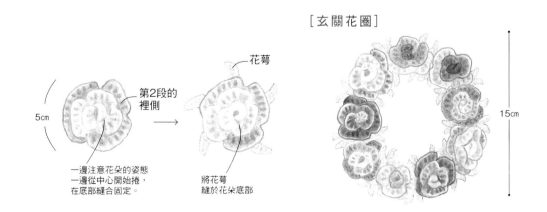

花萼

第2段的
裡側

5cm

一邊注意花朵的姿態
一邊從中心開始捲，
在底部縫合固定。

將花萼
縫於花朵底部

15cm

窗簾勾飾五款 (P.30)

· 材　料

線材／花瓣為Anchor Tapisserie繡線（極太）3色各1束；
葉子為Rich More Precent（並太）綠色（104）
5個約10g
Anchor Tapisserie繡線（極太）：粉紅色勾飾為黃色
（8116）、深粉紅（8454）、粉紅色（8452）；
黃色勾飾為紅色（8200）、黃色（8116）、
淺黃色（8092）；藍色勾飾為黃色（8116）、
土耳其藍（8806）、薄荷綠（8934）；
薰衣草色勾飾為黃色（8116）、深薰衣草（8590）、
淺薰衣草（8586）；紅色勾飾為黃色（8116）、
紅色（8200）、深粉紅（8454）
配件／長7cm的S型掛勾5支
鉤針／4/0號鉤針

· 織　法

★五款勾飾作法相同，各色皆取單線以4/0號鉤針鉤織。

1 先鉤織內側花瓣，再從背面挑內側花瓣第1段的短針鉤織
外側花瓣。

2 每朵花瓣各鉤2片葉子，將葉子一端縫於外側花瓣背面。

3 在S型掛勾上塗抹接著劑固定花朵，再使用花瓣同色線，
以捲針縫強化固定。

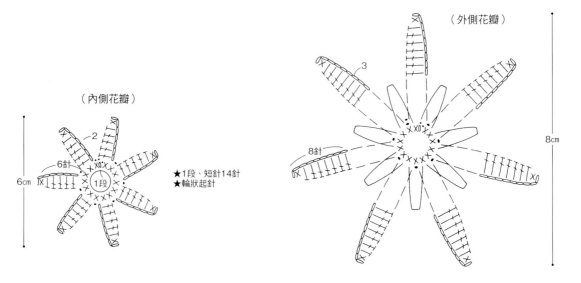

（內側花瓣）

6cm

6針

1段

2

★1段、短針14針
★輪狀起針

（外側花瓣）

8cm

8針

3

[花瓣配色表]

	1段	2段	3段
粉紅色	黃色	深粉紅色	粉紅色
黃色	紅色	黃色	淺黃色
藍色	黃色	土耳其藍	薄荷綠
薰衣草	黃色	深薰衣草	淺薰衣草
紅色	黃色	紅色	深粉紅色

（葉子）綠色各2片

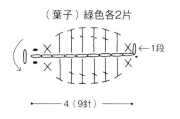

← 1段

← 4（9針）→

葉子

縫合花瓣
與葉子

S型掛勾

（背面）

使用同色線
以捲針縫固定

P.36
［西洋風方形椅墊花樣織法］
★材料、織法請參照P.82。

（花朵織片A）1片

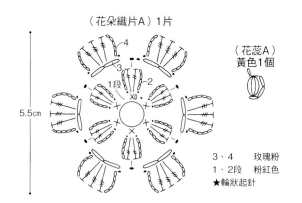

5.5cm

4
3
1段
2
X0

（花蕊A）
黃色1個

花朵織片A

縫上花蕊A

3、4　玫瑰粉
1、2段　粉紅色
★輪狀起針

（花蕊B）3片

（花樣B內側花瓣）3片

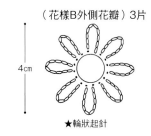

（花樣B外側花瓣）3片

4cm

★輪狀起針

外側花瓣

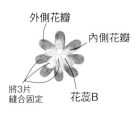

內側花瓣

將3片
縫合固定

花蕊B

［花朵織片B-1至B-3配色表］

	花蕊	內側花瓣	外側花瓣
B－1（薰衣草色系）	原色	淺薰衣草色	薰衣草色
B－2（綠色系）	原色	淺綠色	綠色
B－3（藍色系）	原色	淺藍色	土耳其藍

★各1片。

圓形抱枕兩款 (P.32) ★抱枕背面與緣編織法請參照P.78。

・材　料

線材／薄荷綠抱枕
　　Rich More Precent（並太）薄荷綠（35）60g，
　　芥末黃（6）、紅色（73）、綠色（107）、
　　土耳其藍（108），Hamanaka Piccolo（中細）
　　淺粉紅（4）、深粉紅（22）各少許
　　粉紅色抱枕
　　Hamanaka Piccolo（中細）深粉紅（22）60g、
　　淺粉紅（4）、黃綠色（9）、藍色（12）、
　　深藍色（23），Rich More Precent（並太）
　　土耳其藍（108）、芥末黃（6）各少許
配件／直徑30cm抱枕枕心各一個
鉤針／4/0號鉤針

・織　法

★薄荷綠與粉紅色抱枕作法相同，兩色皆取單線以4/0號鉤針編織。

1 抱枕正面從中央的立體花樣開始鉤織，依織圖按配色表進行，接著視主體顏色鉤織網眼編，完成圓形的正面。

2 背面織片只用主體色線鉤織，以長針的方眼編作出圓形的背面。

3 將兩片織好的抱枕織片背面相對疊合，以主體色線鉤織緣編第1段的短針接合，縫合過半時，先裝入枕心再繼續鉤織。

4 換色鉤織緣編第2段，完成後調整枕心與抱枕套形狀即可。

［抱枕正面配色表］

	薄荷綠	粉紅色
1段	芥末黃	芥末黃
2、3段	淺粉紅色	土耳其藍
4、5段	深粉紅色	深藍色
6、7段	紅色	藍色
8、9段	綠色	黃綠色
緣編1段	薄荷綠	深粉紅色
緣編2段	土耳其藍	淺粉紅色

★10～19段視主體顏色換線編織。

抱枕正面（花樣編A）

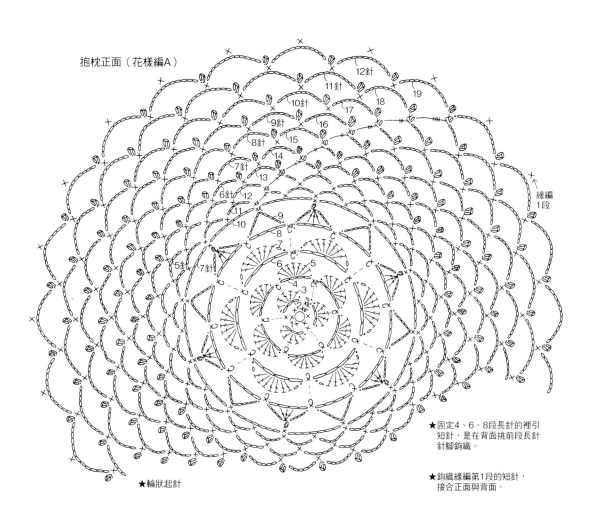

12針
11針
10針
9針
8針
7針
6針
5針
7針
18
17
16
15
14
13
12
11
10
9
8
7
6
5
4
3
19
緣編
1段

★輪狀起針

★固定4、6、8段長針的裡引
短針，是在背面挑前段長針
針腳鉤織。

★鉤織緣編第1段的短針，
接合正面與背面。

[圓形抱枕]

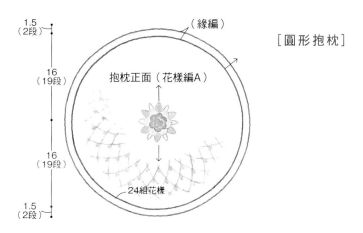

（緣編）

抱枕正面（花樣編A）

24組花樣

1.5
（2段）

16
（19段）

16
（19段）

1.5
（2段）

［圓形抱枕背面織法］
★材料、正面花樣織法請參照P.76。

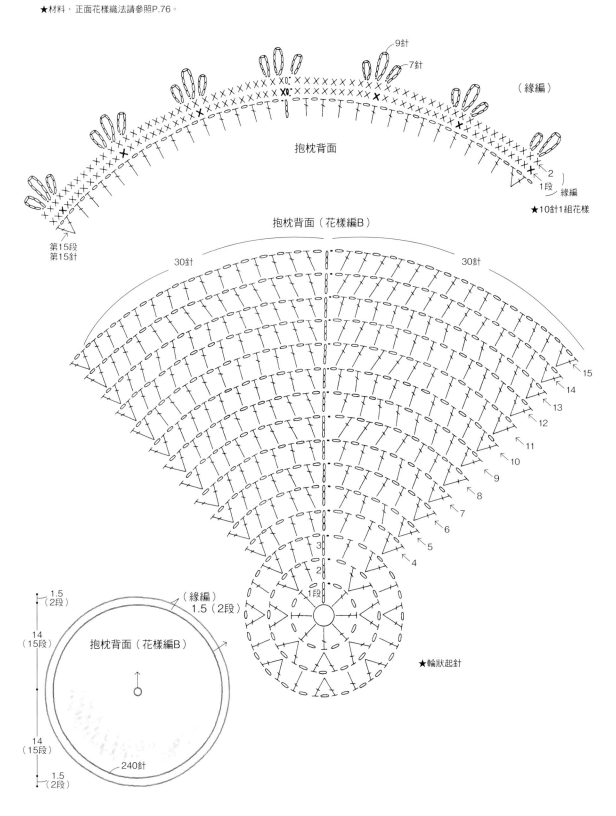

9針

7針

（緣編）

抱枕背面

抱枕背面（花樣編B）

30針

30針

15

14

13

12

11

10

9

8

7

6

5

4

3

2

1段

2
1段（緣編）

★10針1組花樣

第15段
第15針

1.5
（2段）

14
（15段）

（緣編）
1.5（2段）

抱枕背面（花樣編B）

★輪狀起針

14
（15段）

1.5
（2段）

240針

[藍色西洋風方形椅墊背面&側面織法]

★材料、正面織法請參照P.80。

（背面&側面）

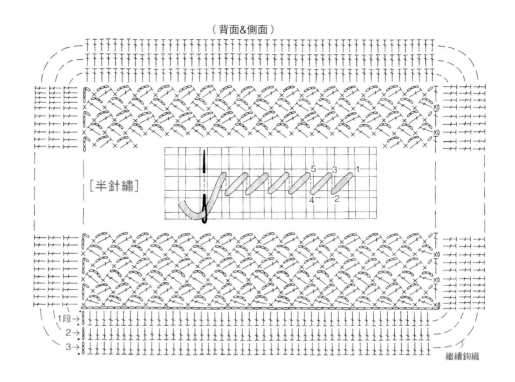

[半針繡]

1段→
2段
3段

繼續鉤織

（刺繡圖）使用轉繡網布

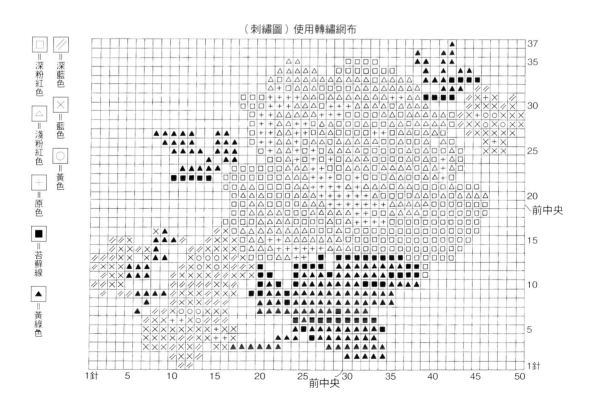

□ ＝深粉紅色
△ ＝淺粉紅色
＋ ＝原色
■ ＝苔蘚線
▲ ＝黃綠色

／／ ＝深藍色
✕ ＝藍色
○ ＝黃色

藍色西洋風方形椅墊 (P.36)　★椅墊背面與側面織法‧刺繡圖請參照P.79。

‧ 材 料

線材／椅墊：Hamanaka純毛中細藍色（16）140g；
　　　　四周緣編：Hamanaka Piccolo（中細）綠色（9）10g；
　　　　緣編的小花與刺繡：Anchor Tapisserie繡線（極太）
　　　　原色（8006）、淺粉紅（8432）、深粉紅（8454）、
　　　　藍色（8688）、深藍色（8690）、苔蘚綠（9102）、
　　　　黃綠色（9152）、黃色（9284）各少許
配件／25㎝正方形硬棉椅墊
　　　轉繡網布（44格10cm）10cm x 13cm
鉤針／3/0、6/0號鉤針
密度
花樣編 21針13段＝約10cm正方形

‧ 織 法

★椅墊正反面、側面、緣編第1段皆取藍色雙線，以6/0號鉤針編織；
　緣編第2段與小花取單線，以3/0號鉤針編織。

1　分別依織圖鉤織椅墊正反面的花樣編，要織成稍微緊密一
　　點的織片。

2　將轉繡網布貼在正面中央，以半針繡法繡出玫瑰圖案。刺
　　繡完成後，一一抽掉轉繡網布的織線，拆除整片網布。
　　背面則是沿四邊挑針，鉤織3段長針的側面。

3　將正面與背面延伸的側面對齊，鉤織緣編第1段的短針，

4　縫合三邊時先裝入硬棉墊，再接合最後一邊。換線鉤織緣
　　編第2段，並且在四角鉤織結粒針小花。

[方形椅墊]

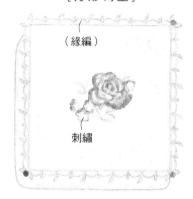

（緣編）

刺繡

★依合印記號拼接縫合

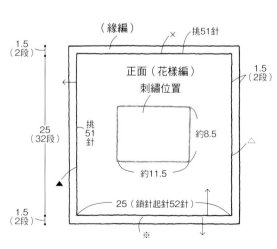

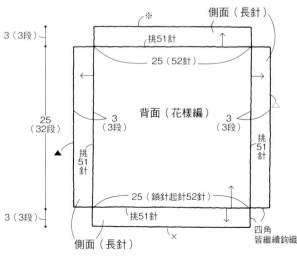

（正面＆緣編）

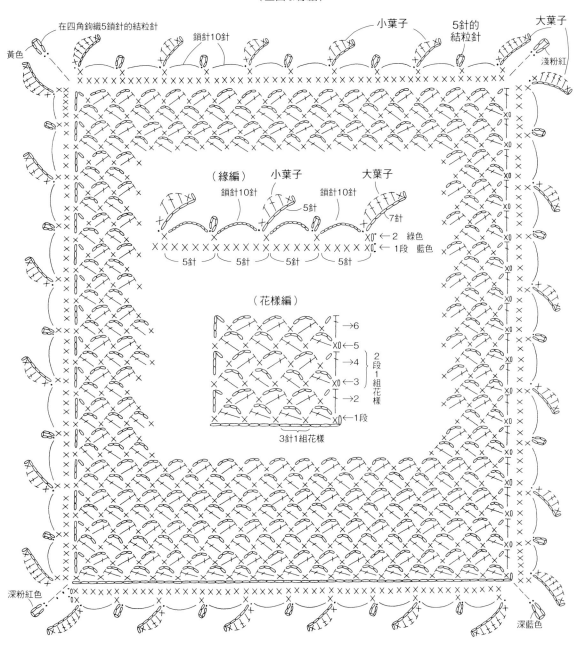

黃色

在四角鉤織5鎖針的結粒針

鎖針10針

小葉子

5針的結粒針

大葉子

淺粉紅

（緣編）　小葉子　　　大葉子

鎖針10針　　鎖針10針

5針　　　7針

←2　綠色

←1段　藍色

5針　5針　5針　5針

（花樣編）

→6

←5

→4

←3

→2

←1段

2段1組花樣

3針1組花樣

深粉紅色

深藍色

81

黃色西洋風方形椅墊 (P.36)　　★花朵織法請參照P.75。

・材　料

線材／椅墊：Rich More Spectre Modem FINE（並太）
　　　芥末黃（309）130g；緣編、花朵織片
　　　Hamanaka Piccolo（中細）綠色（9）5g，
　　　Anchor Tapisserie繡線（極太）粉紅色（8452）、
　　　玫瑰粉（8456）、原色（8006）、淺薰衣草（8586）、
　　　薰衣草色（8588）、綠色（9116）、淺綠色（9154）、
　　　淺藍色（8804）、土耳其藍（8806）、黃色（8094）
　　　各少許
配件／25cm正方形硬棉椅墊
鉤針／5/0、3/0號鉤針
密度
花樣編 24.5針13.5段＝約10cm正方形

・織　法

★各線材皆取單線；椅墊正反面、側面、緣編第1段取Spectre
　Modem芥末黃，以5/0號鉤針編織。緣編第2段取Piccolo綠色，
　以3/0號鉤針編織。花朵與緣編上的小花蕾以5/0號鉤針編織。

1　分別依織圖鉤織椅墊正反面的花樣編，要織成稍微緊密一
　　點的織片。

2　正面維持現狀，背面則是參照p.79，如同鉤織緣編般，沿
　　四邊挑針鉤織3段長針的側面。

3　將正面與背面織片背面相對，鉤織緣編第1段的短針，縫
　　合三邊時先裝入硬棉墊，再接合最後一邊。鉤織緣編第2
　　段，並且在葉子間鉤織結粒針的花蕾。

4　鉤織花朵，縫於椅墊正面角落即可。

［方形椅墊］

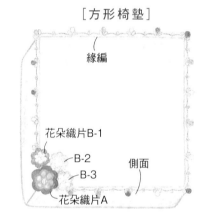

緣編

花朵織片B-1
B-2
B-3
側面
花朵織片A

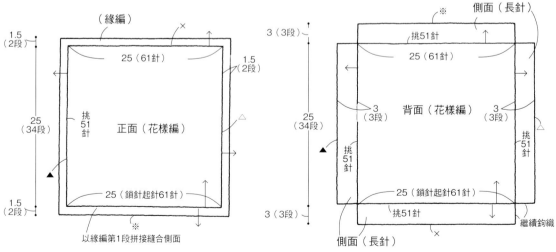

（正面&緣編）

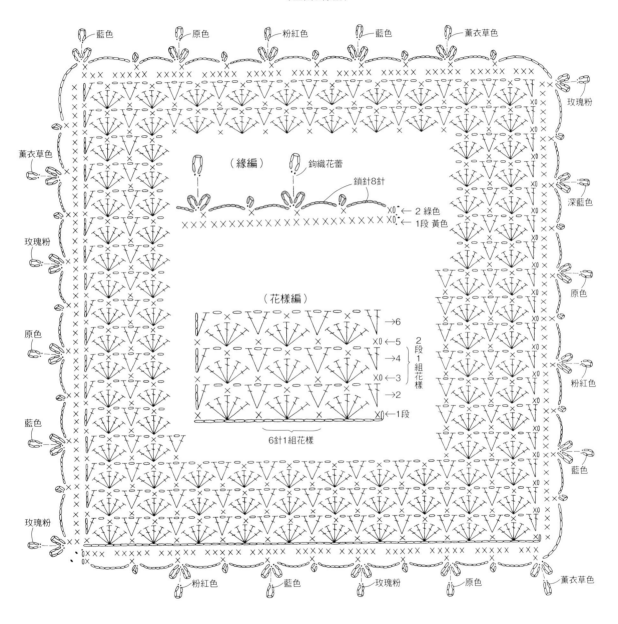

藍色　　　原色　　　粉紅色　　　藍色　　　薰衣草色

玫瑰粉

薰衣草色

深藍色

玫瑰粉

原色

原色

粉紅色

藍色

藍色

玫瑰粉

粉紅色　　藍色　　　玫瑰粉　　　原色　　　薰衣草色

（緣編）　　　鉤織花蕾

鎖針8針

X0 ← 2 綠色
X0 ← 1段 黃色

（花樣編）

→6
X0 ← 5
→4
X0 ← 3
→2
X0 ← 1段

2段1組花樣

6針1組花樣

83

花田般的圓形椅墊 (P.34)

・材　料

線材／Hamanaka Bonny（極太）卡其色（493）65g、
　　　淡粉紅（405）50g、淺粉紅（479）35g、
　　　黃色（416）20g、粉紅色（465）15g、
　　　原色（442）、深粉紅（474）各少許

鉤針／7/0號鉤針

・織　法

★取單線，以7/0號鉤針編織。

1　以線圈的輪狀起針開始鉤織花朵織片，第1段為黃色的短
　　針，第2段以粉紅色、原色等鉤織花瓣。第3段則是以卡其
　　色線挑第1段短針，作出花瓣立起的立體效果。

2　完成第1片花朵織片，自第2片開始，第3段依織圖改鉤引
　　拔針，拼接相鄰的織片。完成總計37片的六角形織片。

3　在拼接好的六角形椅墊周圍鉤織卡其色的緣編，並於指定
　　處縫上2片葉子。

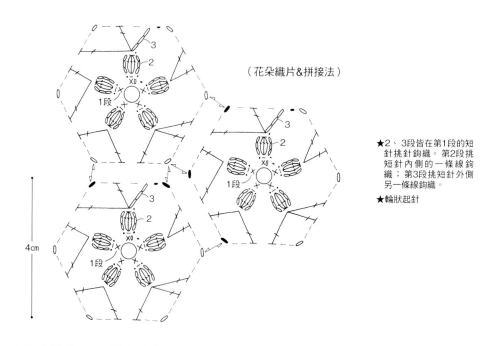

（花朵織片&拼接法）

★2、3段皆在第1段的短
　針挑針鉤織。第2段挑
　短針內側的一條線鉤
　織；第3段挑短針外側
　另一條線鉤織。

★輪狀起針

［花朵織片A～E配色表］

	1段	2段	3段
A	黃色	深粉紅色	卡其色
B	黃色	粉紅色	卡其色
C	黃色	淡粉紅色	卡其色
D	黃色	淡粉紅色	卡其色
E	黃色	原色	卡其色

★A、E各1片，B 6片，C 14片，D 15片。

（花朵織片配置）

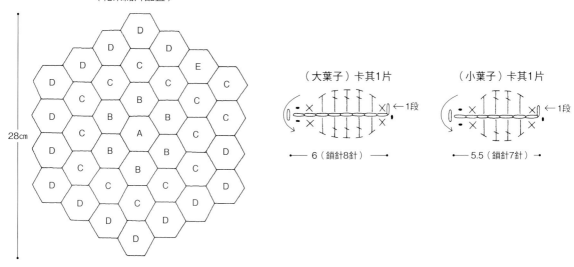

28cm

（大葉子）卡其1片   ←1段
←— 6（鎖針8針）—→

（小葉子）卡其1片   ←1段
←— 5.5（鎖針7針）—→

[圓形椅墊]

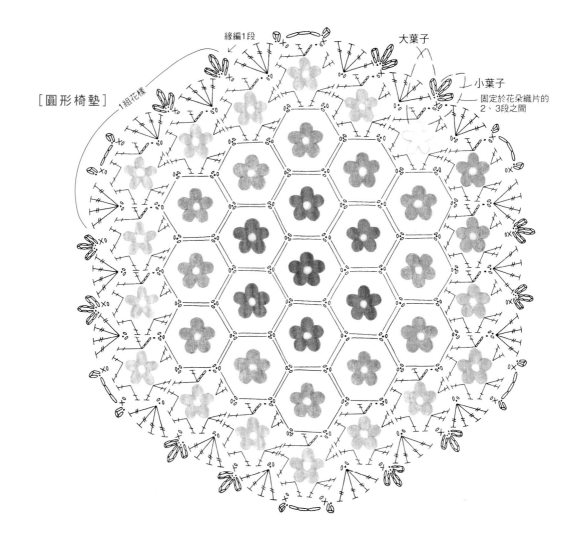

緣編1段
1組花樣
大葉子
小葉子
固定於花朵織片的
2、3段之間

燈罩(P.38)

・材料

線材／燈罩主體：Rich More Mild Lana（中細）
　　　原色（2）40g；緣編綠色（12）少許；
　　　花朵與花蕾：Rich More Precent（並太）
　　　芥末黃（6）、薄荷綠（35）、薰衣草色（53）、
　　　紅色（73）、鮭魚粉（79）、
　　　Hamanaka Piccolo（中細）深粉紅（22）、
　　　深藍色（23）各少許
配件／檯燈（燈罩高10cm、上側直徑12cm、
　　　下側直徑18cm）
鉤針／2/0、4/0號鉤針

・織　法

★皆取單線，以2/0號鉤針編織燈罩，以4/0號鉤針編織花朵與花蕾。
　配合使用的燈罩尺寸來編織吧！

1 鎖針起針，頭尾連接成環開始鉤織燈罩，以原色進行花樣
　編。依織圖一邊鉤織一邊在花樣上加針，延展織片圓周。
2 沿燈罩下方鉤織緣編A，縫上花朵與花蕾。
3 沿燈罩上方鉤織1段原色的緣編B。

[燈罩]

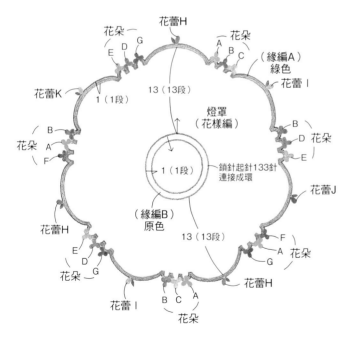

[花朵配色表]

A	Precent 薄荷綠
B	Piccolo 深粉紅
C	Precent 芥末黃
D	Precent 鮭魚粉
E	Piccolo 深藍色
F	Precent 薰衣草色
G	Precent 紅色

★A、B各4朵，D、E、G各3朵，C、F各2朵。

[花蕾配色表]

H	Piccolo 深粉紅
I	Piccolo 深藍色
J	Precent 紅色
K	Precent 芥末黃

★H 3朵，I 2朵，J、K各1朵。

（花樣編&緣編）

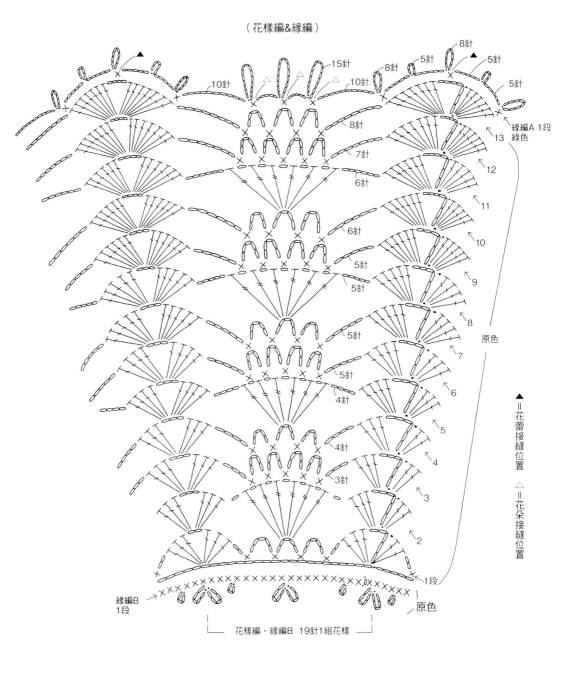

8針
15針
10針
10針
8針
5針
8針
5針
5針

緣編A 1段
綠色

13
12
11
10
9
8
7
6
5
4
3
2

6針
7針
8針
6針
5針
5針
5針
5針
4針
4針
3針

原色

▲＝花蕾接縫位置
△＝花朵接縫位置

1段

緣編B
1段

原色

花樣編・緣編B 19針1組花樣

（花朵）21個 　　　　　　　　→ 　　　縫合束起

收針處　繼續鉤織　起針處

（花蕾）7個 　　　　　　　→ 　　縫合束起

收針處　繼續鉤織　起針處

87

亮麗桌巾 (P.40)

・材　料

線材／桌巾：DMC Retors繡線（中細）原色（ECRU）
5束、薄荷綠（2952）4束
其他花朵&葉子等裝飾：紅色（2103）1束、
粉紅色（2776）1束、深粉紅（2107）、
黃色（2726）、綠色（2911）各少許

鉤針／4/0號鉤針

・織　法

★皆取單線，以4/0號鉤針編織。

1 以線圈作輪狀起針，依織圖與配色開始鉤織桌巾主體。換
　色時要預留6～7cm再剪斷，完成後將線頭藏入同色的針目
　裡即可。

2 鉤織花朵與葉子，縫於桌巾上。

（花朵織片大）1片　　　　　　　　　（花朵織片小）1片

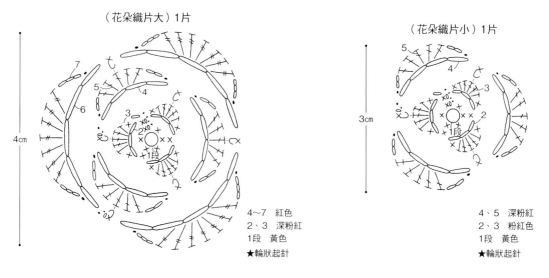

4～7　紅色　　　　　　　　　4、5　深粉紅
2、3　深粉紅　　　　　　　　2、3　粉紅色
1段　黃色　　　　　　　　　1段　黃色
★輪狀起針　　　　　　　　　★輪狀起針

★裡引短針是在背面挑前段長針針腳的半針鉤織。

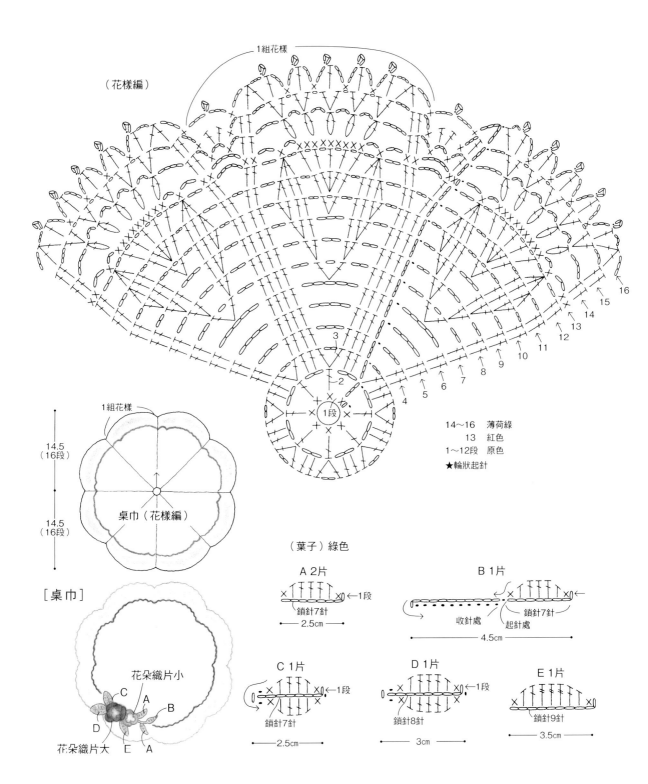

（花樣編）

1組花樣

14～16　薄荷綠
13　紅色
1～12段　原色
★輪狀起針

1組花樣

14.5
（16段）

桌巾（花樣編）

14.5
（16段）

[桌巾]

花朵織片小

C
A
D
B
花朵織片大
E
A

（葉子）綠色

A 2片
←1段
鎖針7針
2.5cm

B 1片
←
收針處
鎖針7針
起針處
4.5cm

C 1片
←1段
鎖針7針
2.5cm

D 1片
←1段
鎖針8針
3cm

E 1片
鎖針9針
3.5cm

89

隔熱手套 (P.42)

・材 料

線材／手套：Hamanaka Cotton Nottoc（中細）
　　　　紅色（14）140g；
　　　　花朵織片、掛繩等：DMC Retors繡線（中細）粉紅色
　　　　（2112）、藍色（2122）、黃色（2726）、原色
　　　　（ECRU）、黑色（2310）、綠色（2469）、紫色
　　　　（2532）各少許
鉤針／6/0號、5/0號、3/0號鉤針

・織 法

★手套取3條線，以6/0號鉤針編織，緣編以5/0號鉤針編織；
　掛繩取單線，以5/0號鉤針編織；花朵織片等皆取單線，
　以3/0號鉤針編織。

1　依織圖以短針鉤織手套手背，並對稱編織手心側。由於之
　　後要將2片對齊縫合，因此加減針要在同樣位置的內外側
　　鉤織。

2　將鉤織完成的手背側與手心側，正面相對疊合，除手腕處
　　的手套口以外，取紅色單線以3/0號鉤針鉤織引拔拼縫。

3　將手套翻至正面，以環編方式於手套口鉤織緣編，在拇指
　　側的內側，縫上綴有花蕾的掛繩。

4　依織圖鉤織花朵與葉子，縫於手套裝飾即可。

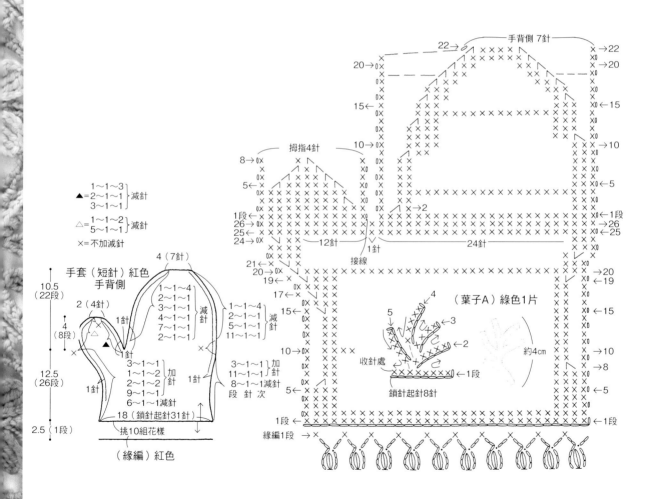

	1、2段	3段	4、5段
A（粉紅色）	黑色	原色	粉紅色
B（藍色）	黑色	原色	藍色
C（黃色）	黑色	原色	黃色

★各1片。

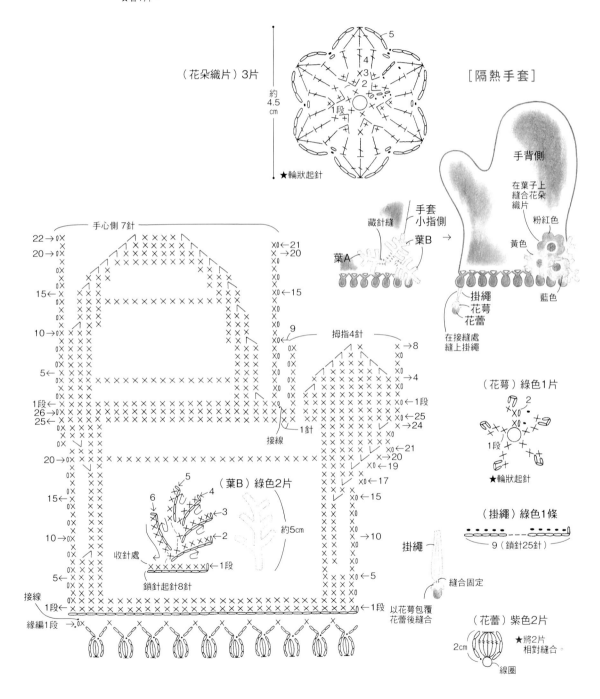

（花朵織片）3片
約4.5cm
★輪狀起針

[隔熱手套]

手背側

在葉子上縫合花朵織片

粉紅色

黃色

藍色

手套小指側

藏針縫

葉B

葉A

掛繩
花萼
花蕾

在接縫處縫上掛繩

手心側 7針

22→0×
20→0×
0×←21
→20

15←
X0←15

10→
0×

5←
0×

1段
26→0×
25→
1段
←25
←24

拇指4針

9
0×
→8

→4

1針
接線

←1段
X0←25
X0←24

20→0×
X0←21
→20
X0←19

15←
X0←17

X0←15

10→0×
→10

5←
X0
←5

接線
1段
←1段

緣編1段→0×

（葉B）綠色2片
約5cm

5
6 4
×→3
→2
收針處
←1段
鎖針起針8針

以花萼包覆花蕾後縫合

（花萼）綠色1片
2
X0
1段
★輪狀起針

（掛繩）綠色1條
9（鎖針25針）

掛繩
縫合固定

（花蕾）紫色2片
2cm
★將2片相對縫合。
線圈

茶會杯套三款 (P.44)

· 材　料

線材／Hamanaka Piccolo（中細），杯套一份約5g；
　　緣編、小花等4色各少許
　　藍色杯套：藍色（12）、綠色（9）、深粉紅（22）、
　　黃色（8）、淺粉紅（4）
　　粉紅色杯套：淺粉紅（4）、綠色（9）、藍色（12）、
　　深粉紅（22）、黃色（8）
　　黃色杯套：黃色（8）、綠色（9）、深粉紅（22）、藍
　　色（12）、淺粉紅（4）
其他／直徑7cm高9.5cm的茶杯
鉤針／4/0號鉤針

· 織　法

★首先測量杯口的圓周長，鉤織比實際尺寸少3cm左右的起針段。
　皆取單線，以4/0號鉤針製作織法相同，顏色不同的三款杯套。

1 起針時，針目要織得稍微緊密，以環編方式鉤織6段長針
　作出杯套。

2 分別在杯套上下側鉤織緣編。上方鉤織綠色的緣編A，下
　方鉤織與杯套同色的緣編B，下方收針時要收緊，避免針
　目鬆開。

3 每個杯套鉤織3朵小花，如圖示縫合固定。

［杯套］

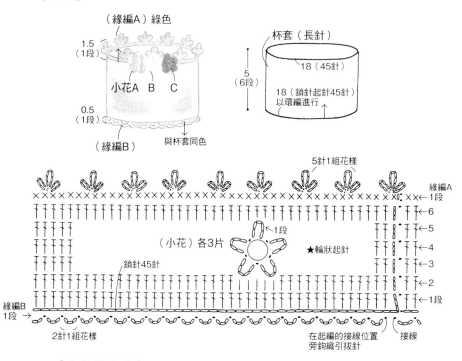

（緣編A）綠色
1.5（1段）
小花A　B　C
0.5（1段）
（緣編B）
與杯套同色

杯套（長針）
5（6段）
18（45針）
18（鎖針起針45針）
以環編進行

5針1組花樣
緣編A
1段
6
5
4
3
2
1段
（小花）各3片
1段
★輪狀起針
鎖針45針
緣編B
1段→
2針1組花樣
在起編的接線位置旁鉤織引拔針
接線

［小花配色表］

	A	B	C
藍色杯套	淺粉紅	黃色	深粉紅
粉紅色杯套	藍色	深粉紅	黃色
黃色杯套	深粉紅	藍色	淺粉紅

康乃馨清潔刷三款 (P.46)

· 材　料

線材／Hamanaka Bonny（極太）

　　A款（紅色系）：紅色（404）15g、粉紅色（465）5g

　　B款（藍色系）：寶石藍（424）15g、藍色（471）5g

　　C款（紫色系）：紫色（437）15g、薰衣草色（496）5g

　　A～C各使用少量綠色

鉤針／7/0號鉤針

· 織　法

★皆取單線，以7/0號鉤針編織。以相同織法鉤織3色清潔刷。

1　輪狀起針，依配色表在第3段換色鉤織。由於第2段會在第
　　1段上織入較多的針數，因此成品會呈現荷葉邊的模樣。

2　鉤織附葉子的掛繩，再固定於康乃馨背面。

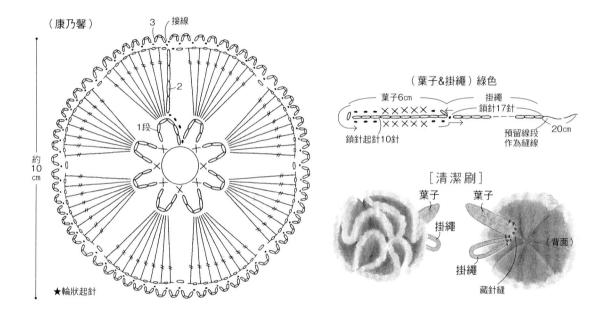

[配色表]

	1、2段	3段
A（紅色系）	紅色	粉紅色
B（藍色系）	寶石藍	藍色
C（紫色系）	紫色	薰衣草色

★三款的葉子與掛繩皆為綠色。

鉤針の針目記號與織法

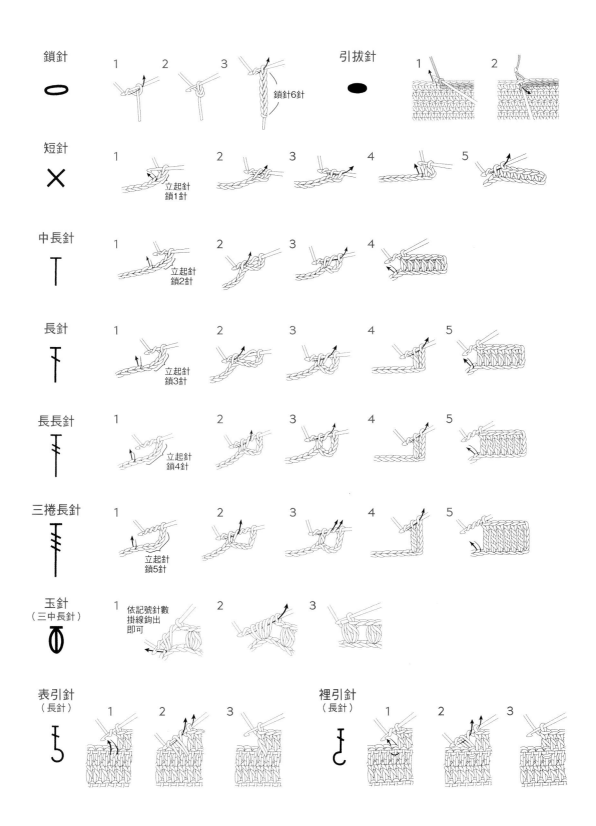

鎖針　○

引拔針　●

短針　×

中長針　⊤

長針

長長針

三捲長針

玉針（三中長針）

表引針（長針）

裡引針（長針）

鉤織基礎

輪狀起針

在指尖繞線兩圈，作出線圈後織入必要針數。接著一一拉緊2條線，收緊起針線圈。

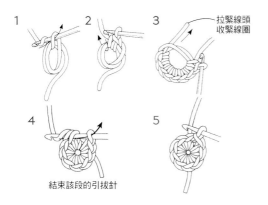

結束該段的引拔針

短針筋編

僅挑前段針目針頭的外側一條線鉤織。如此一來，織片上即會呈現線條浮凸的筋編。

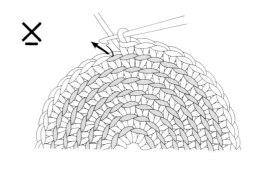

[織片的接合方式]

捲針接合

完成必要數量的花樣織片後，一次拼接縫合的方法。先將相鄰織片排列對齊，再以毛線針一一從外側往自己的方向各挑半針縫合。

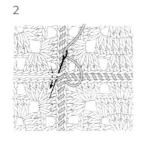

引拔接合

先完成第一片，從第2片織片開始，最後一段改成穿過相鄰織片的線環，鉤織引拔針以接合相鄰織片。

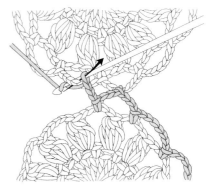

結粒針

先鉤鎖針再以引拔針固定，完成小小的裝飾結或線環。鉤織必要的鎖針數，再回頭挑與鎖針相連的短針半針與針杜，鉤織引拔針固定。

國家圖書館出版品預行編目資料

女孩打鉤鉤！：糖果色花漾織片の可愛小物大集合 /了
戒かずこ著；彭小玲譯. -- 初版. -- 新北市：雅書堂文化,
2014.06
　　面；　公分. -- (愛鉤織；30)
　　ISBN 978-986-302-185-8 (平裝)

　　1.編織 2.手工藝

426.4　　　　　　　　　　　　　　　　103010602

了戒かずこ　Kazuko Ryokai

設計師。長年從事服裝設計與刊載於雜誌的
手作設計，並於2002年創辦手作教室Keep in
Touch。「製作愛犬原創衣物」的課程大受好
評，並獲邀於各文化中心等開設手作狗狗衣
物的講座。著有「きれい色のヘビー服と小物」
「きれい色のニット貨」「五顏六色超可愛的毛
線編織小物」(主婦之友社)、「かわいい犬の
服」(ナツメ社)等多本著作。

Staff

裝幀・版面設計／ARENSKI
攝影・視覺呈現／蜂巢文香
製作協力／川平敦美・田顏 園
作法製圖／Watanuki Michiko
編輯審閱／廣畑曉子（主婦之友社）

【Knit・愛鉤織】30

女孩打鉤鉤！糖果色花漾織片の可愛小物大集合

作　　者／了戒かずこ
譯　　者／彭小玲
發 行 人／詹慶和
總 編 輯／蔡麗玲
執行編輯／蔡毓玲
編　　輯／劉蕙寧・黃璟安・陳姿伶・白宜平・李佳穎
執行美編／陳麗娜
美術編輯／周盈汝・李盈儀
內頁排版／造極
出 版 者／雅書堂文化事業有限公司
發 行 者／雅書堂文化事業有限公司
郵撥帳號／18225950
戶　　名／雅書堂文化事業有限公司
地　　址／新北市板橋區板新路206號3樓
電　　話／（02）8952-4078
傳　　真／（02）8952-4084
網　　址／www.elegantbooks.com.tw
電子郵件／elegantbooks@msa.hinet.net

2014年6月初版一刷　定價 320 元

KAGIBARI DE AMU! HANAMOTIF NO KAWAII KNIT KOMONO
©Kazuko Ryokai 2012
Originally published in Japan by Shufunotomo Co., Ltd.
Translation rights arranged with Shufunotomo Co., Ltd.
through Keio Cultural Enterprise Co., Ltd.

總經銷／朝日文化事業有限公司
進退貨地址／新北市中和區橋安街15巷1號7樓
電話／(02) 2249-7714　　傳真／(02) 2249-8715